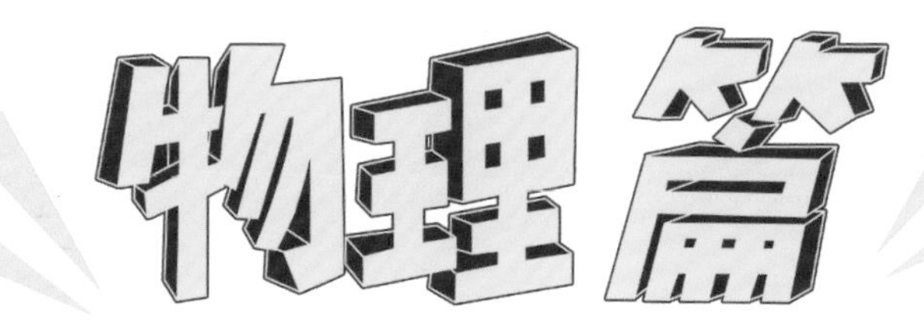

哇，科学有故事！

引力的故事

[韩]郑昌勋/文 [韩]安恩真/绘 千太阳/译

人民东方出版传媒
People's Oriental Publishing & Media
東方出版社
The Oriental Press

重的物体和轻的物体，
哪一个会先落到地上？
伽利略
?

苹果为什么会掉落到地上?
牛顿
有什么办法可以摆脱地球引力?
布劳恩

目录

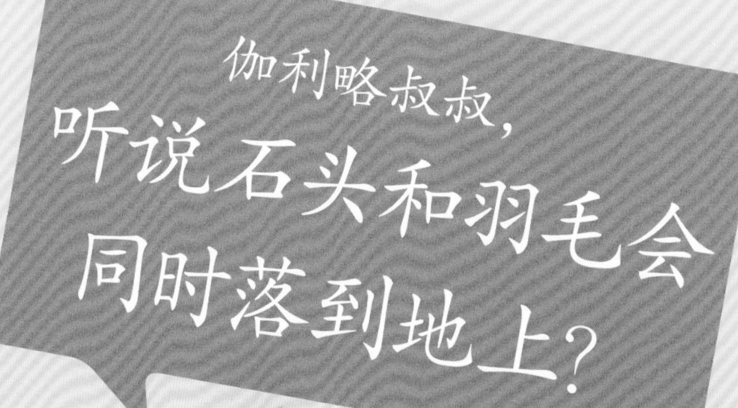

人们一直认为重的物体会比轻的物体先一步落地。没有经过亲自验证的事情，我是绝不会相信的。于是，我就登上比萨斜塔做了掉落物体的实验，结果发现物体的轻重和它下落的速度没有任何关系。

在众神所在的天上，物体都会做圆周运动。

公元前 4 世纪，古希腊有一位非常出色的哲学家，叫作亚里士多德。他认为世界是按照神所制定的秩序运转的。另外，他还认为物体的性质决定了物体的移动。

亚里士多德认为圆周运动既没有开始也没有结束，属于一种完整的运动。而直线运动则由于存在开始和结束，所以属于不完整的运动。

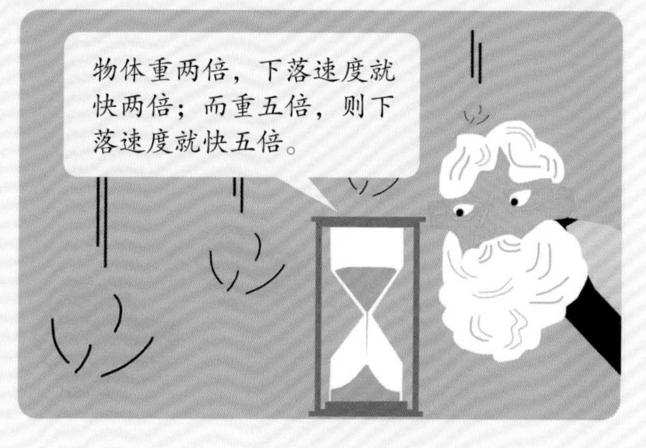

两千多年以来，人们一直对亚里士多德的话深信不疑。直到一位名叫伽利略·伽利雷的年轻人当众做了一次实验。

活跃于 16 世纪的意大利物理学家伽利略是一个善于思考的人。

无论什么事情，在亲自做过实验之前，他都会表示怀疑。于是，为了验证是否像亚里士多德所说的那样，重的物体会先一步落地，伽利略决定亲自进行测试。

最终，伽利略决定利用斜面来进行实验。因为他认为可以通过调整斜面的倾斜度来控制球滚下来的时间。

在对从斜面上滚下来的球进行观察的过程中，伽利略发现了一个新的现象。他发现球沿着斜面向下滚落时，速度会渐渐变快，就像乘坐雪橇从山坡上滑下来时一样。即使他改变斜面的倾斜度，结果依然相同。

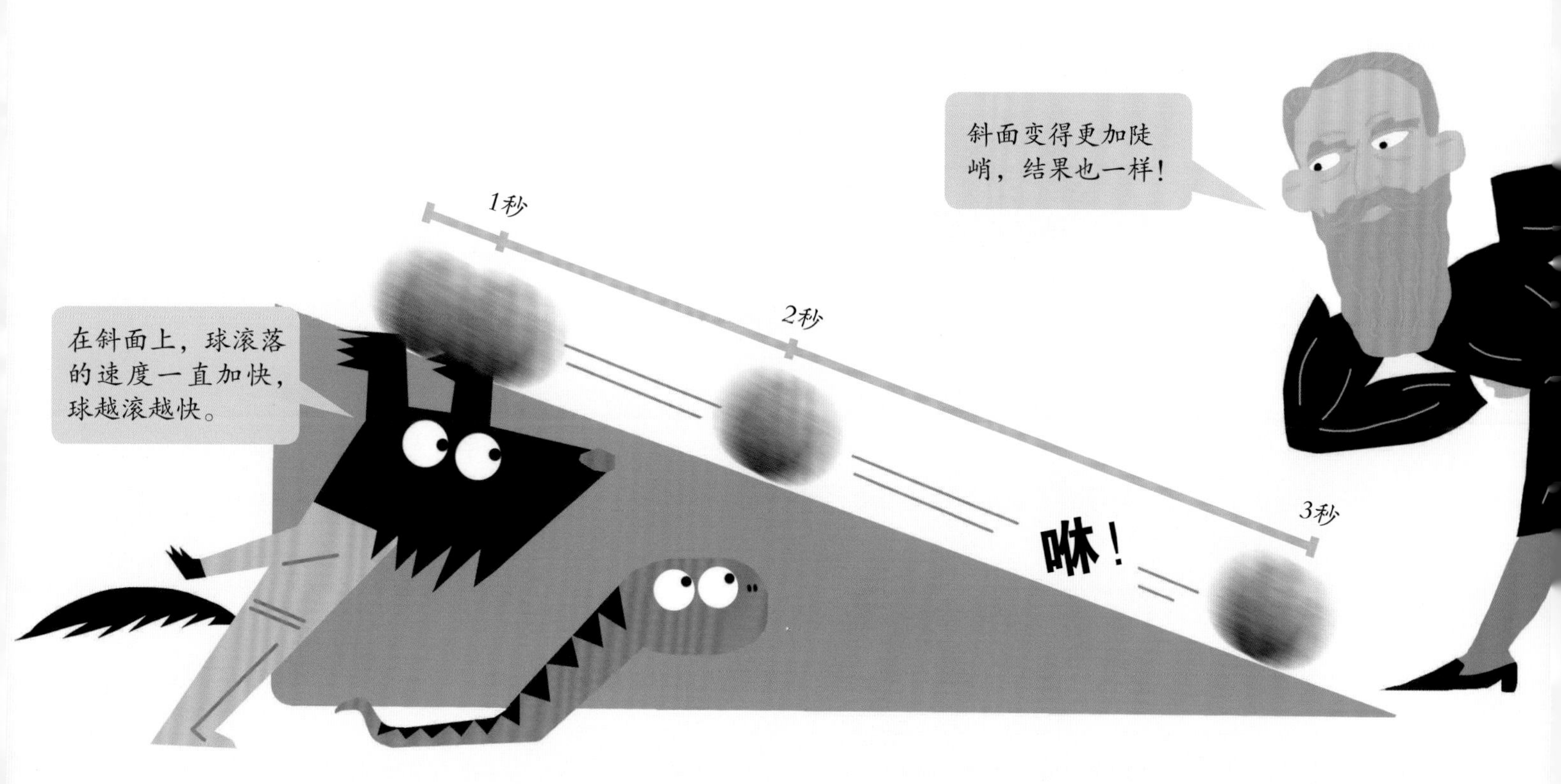

后来，伽利略又使用重量不同的球做同样的实验，并测量了时间。

“咦？无论是重的球还是轻的球，滚落下来所需的时间几乎相同！”

伽利略逐渐加大斜面的倾斜度，即使这样，球滚落下来所需的时间依然相差不大。

“既然这样，那岂不是意味着把斜面垂直于水平面立起来，球滚落下来所需的时间也相同！”

伽利略的斜面实验

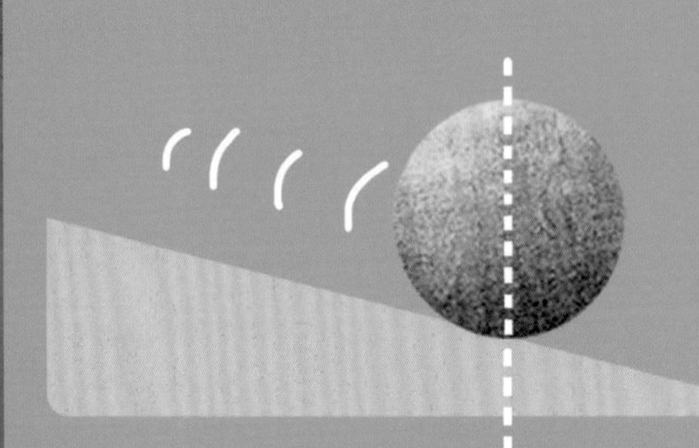

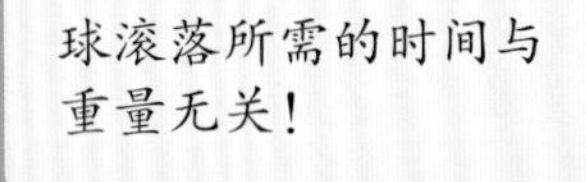

从垂直于水平面立起的斜面上将球滚下来，与直接将球丢下来没什么区别。

但是重的球和轻的球会同时落地，难免会令人感到奇怪。

因为亚里士多德曾表示过重的物体会先落下来!

伽利略很想将这个惊人的发现展示给大家看。

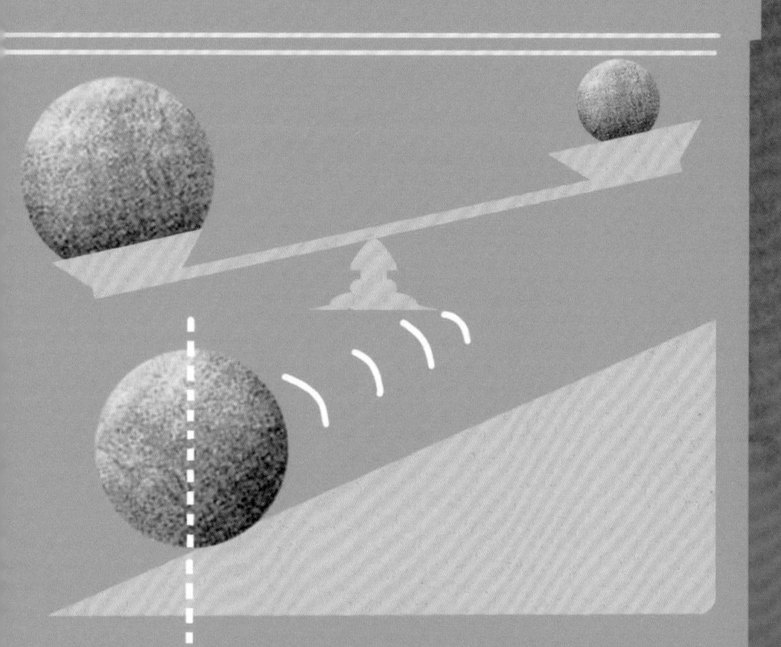

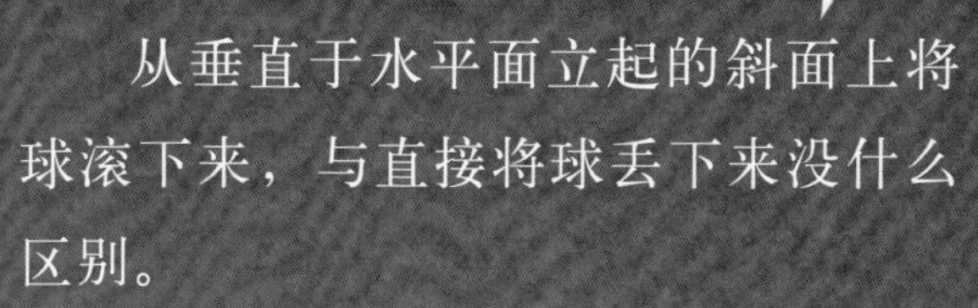

即使斜面变得陡峭，重的球与轻的球依然会同时落地。
可见将斜面调整得极为陡峭后，再让球滚下去，与在空中直接用手丢下球没什么区别。
咚!

伽利略两只手中各捧着重的铁球和轻的铁球，站在比萨斜塔的顶端。下面的广场上聚集了很多看热闹的人。

伽利略深深地吸了一口气后，同时将手中的两个球松开。

铁球呼啸着向下坠去。然而人们最终只听到一个“咚”的声响。

重的铁球和轻的铁球同时落地了。

以前，人们看到果实比叶子先落到地上，就误以为是果实更重的关系。但其实树叶并不是因为更轻才落得慢，而是因为受到了空气的影响。伽利略证实了亚里士多德的观点是错误的。他通过实验证明当所处的高度相同时，所有物体都会同时落地，而物体下落的速度与物体的重量无关。

自由落体

地球上的所有物体都会朝着地面落下，即使扔到高空中的球也是如此。当我们向上扔球时，球会先上升到一定的高度，然后再开始落下。物体这种向下落的运动，我们称为“自由落体”。

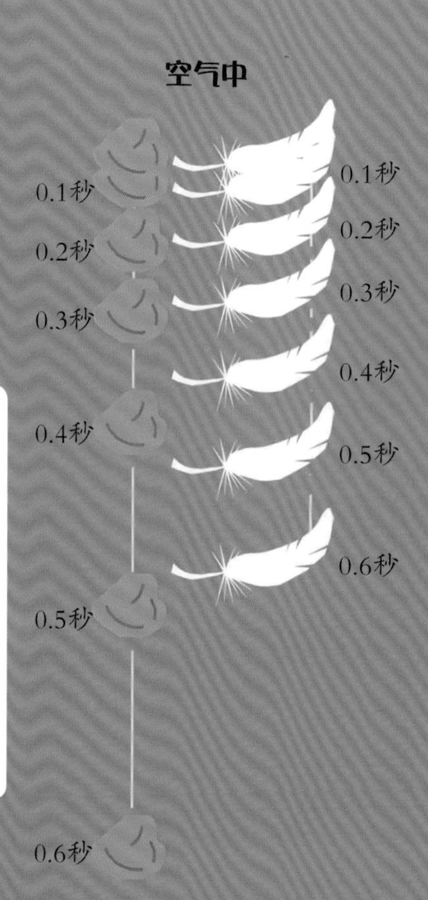

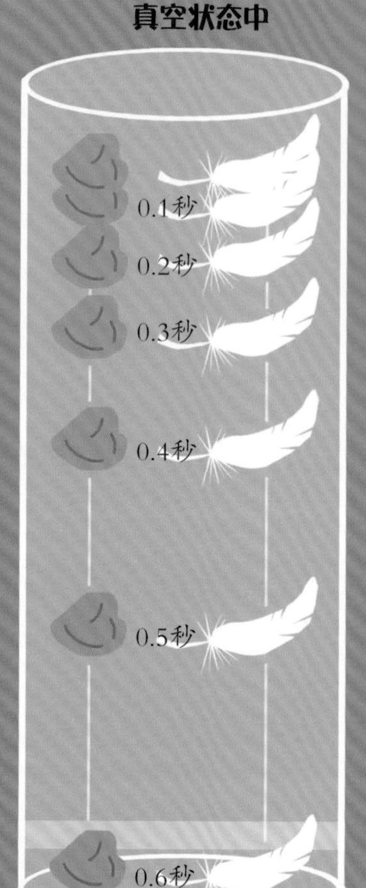

石头和羽毛的自由落体

在空气中，羽毛所受的空气阻力比石头大，所以它下落的速度会慢一些。但在没有空气的真空状态中，石头和羽毛会同时落地。

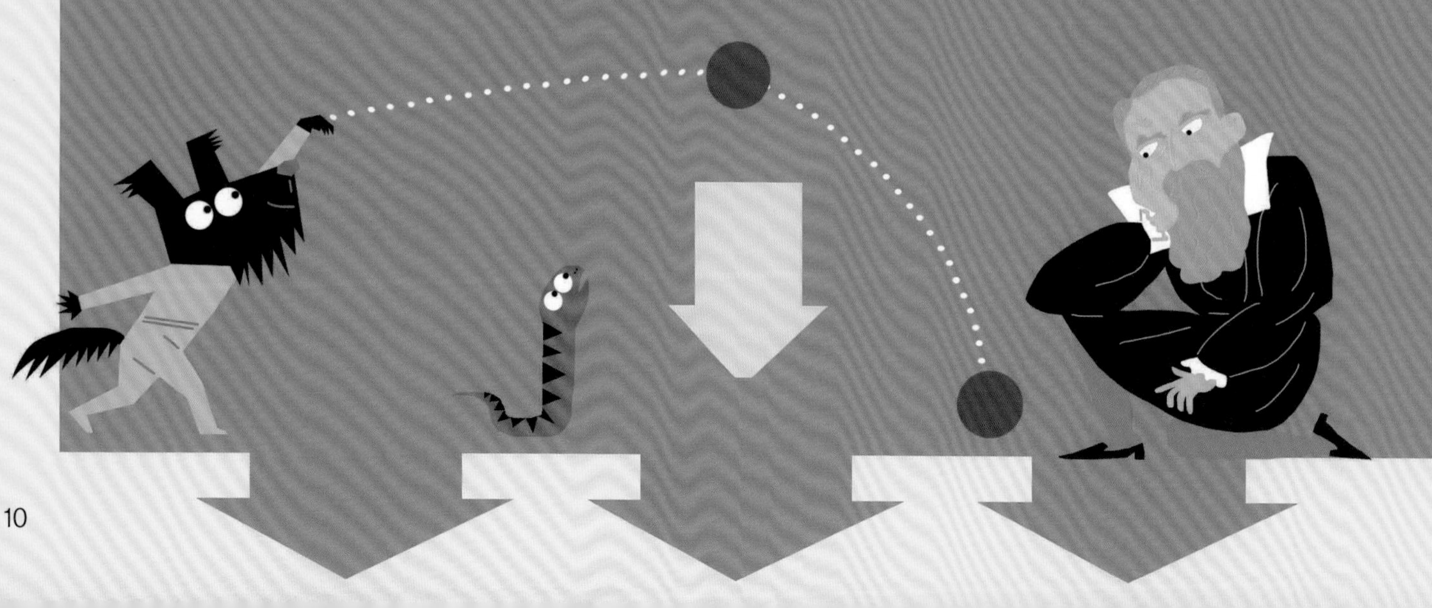

下落速度

自由落体时，时间越长，
物体下落的速度就越快。

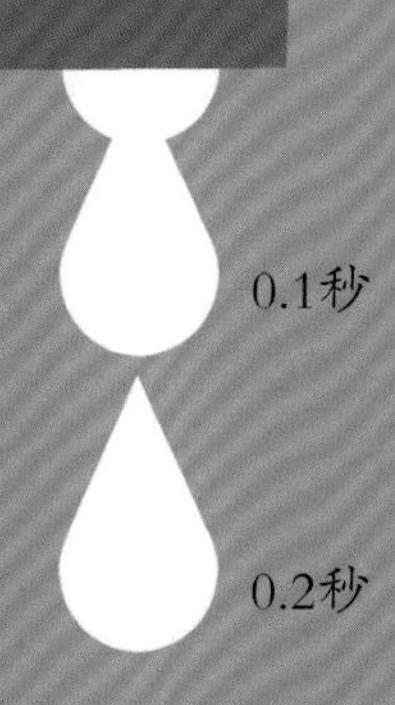

0.1秒

0.2秒

0.3秒

0.4秒

伽利略的自由落体实验

由于铁球几乎不受空气的阻力，所
以即使重量不同也会同时落地。

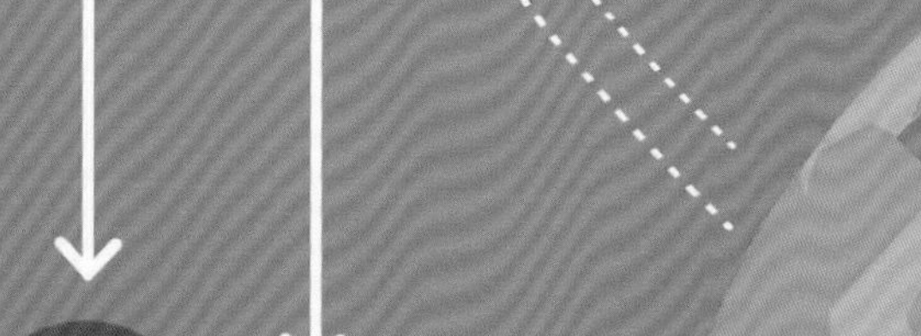

自由落体的方向

所有物体都会朝着地球中心落下，
因此看着就像朝着下方掉落一样。

资助艺术和学术的活动——梅塞纳

伽利略虽然是一名大学教授，拥有固定的收入，但他一直过得非常拮据，因为制作各种实验设备需要花费很多钱。后来，一个人为他提供了很大的帮助，这个人就是掌管着佛罗伦萨的美第奇家族的科西莫二世。科西莫二世直接任命伽利略为宫廷科学家。从此，伽利略再也不用担心经济问题，可以专心地做研究了。像这种资助学者或艺术家的活动被称为“梅塞纳”，这一名称来源于古罗马政治家梅塞纳斯的名字。因为梅塞纳斯曾经资助过罗马很多著名的艺术家，从而使得罗马的文化和艺术得到快速的发展。

在伽利略所生活的时代，梅塞纳活动在意大利非常盛行。正是因为当时的国王、贵族、政治家等对学者和艺术家们伸出了援助之手，文艺复兴运动才得以开花结果。

其中，资助艺术家次数最多的还要属美第奇家族。例如波提切利所画的《维纳斯的诞生》，以及布鲁内列斯基设计的佛罗伦萨大教堂的穹窿顶，都是在美第奇家族的帮助下诞生的。

布鲁内列斯基设计的佛罗伦萨大教堂的穹窿顶

虽然伽利略的实验证实了有关自由落体的问题，但物体为什么会下落依然是一个谜题。于是，我找出物体相互吸引的力的本质，并证实这种力量在宇宙空间也适用。

1642 年，伽利略去世。一年后，一个名叫艾萨克 · 牛顿的孩子在英国出生了。

牛顿是一个性格安静的孩子，喜欢独处。

不过，他很执着，不论什么东西，他只要产生兴趣就一定要研究到底。

到了大学时期，牛顿渐渐显露出数学和科学领域的卓越才华。

牛顿对伽利略的自由落体实验很感兴趣。

他通过伽利略的实验，得知了物体在自由落体时速度会变得越来越快的事实。

“这不就跟物体受到不变的水平推力时，速度渐渐加快的道理一样嘛！”

伽利略的自由落体实验结果始终回荡在牛顿的脑海里。

有一天，牛顿坐在苹果树下冥思苦想。

突然，一个苹果掉下来，落在牛顿旁边。

牛顿被吓了一跳，连忙看向掉在地上的苹果。

顿时，他的脑海中不断闪过各种想法：“物体如果想移动，就必须受力，但苹果受到的究竟是何种力量呢？”……

苹果和地面之间没有任何东西。

就在这时，牛顿的脑海中浮现出一个惊人的想法。

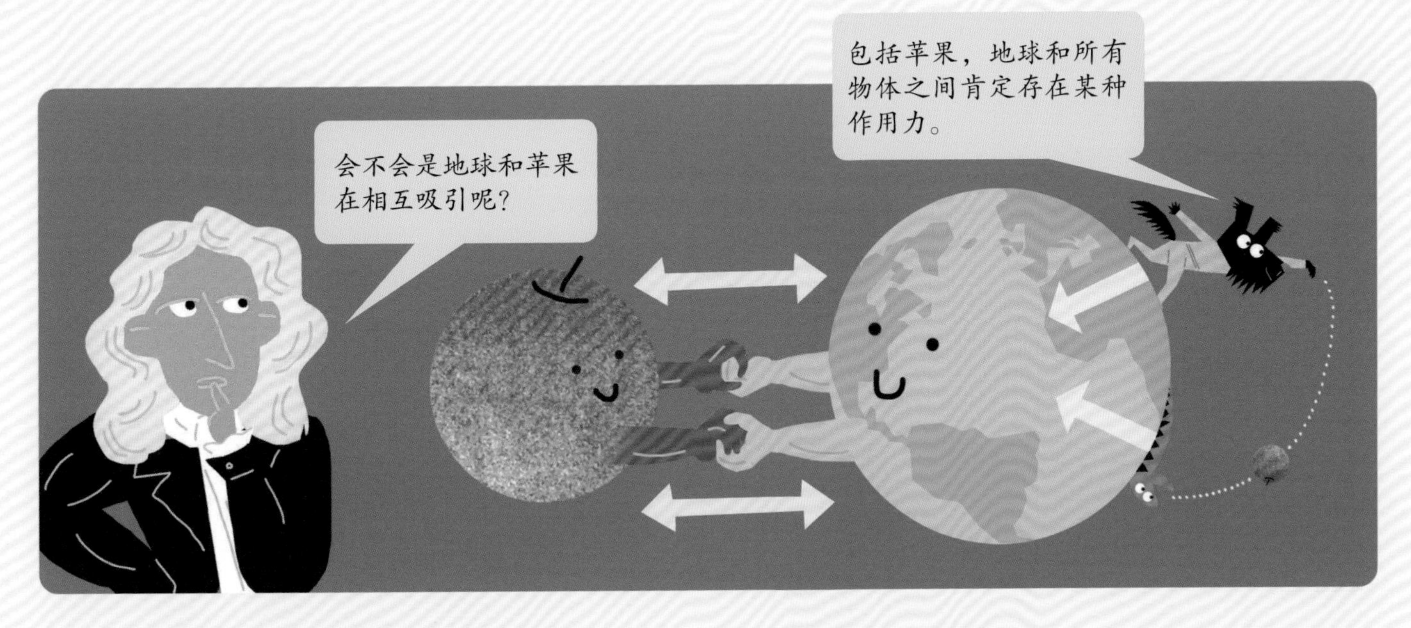

牛顿的想法尽管显得有些荒唐，却可以很好地解释所有的现象。

牛顿将地球吸引其他所有物体的力称为“引力”。

如果物体对物体施加力量，两者必须接触，但引力却能在保持一定距离的物体之间起作用。人们很难理解这种解释。牛顿认为地球吸引我们手中所捧的石头的力量就是引力。

引力对所有物体的作用并不一致。

牛顿认为引力与物体的质量有关。

质量是指物体所含物质的多少。牛顿认为，物体的质量越大，它所受的引力就越强；物体的质量越小，它所受的引力就越弱。

为什么这块大的石头重，而这块小的石头轻呢？
地球会更强力地吸引质量大的石头，因此质量大的石头才会更重。

人们对牛顿的观点抱有几个疑问：

“你说过地球会吸引万物，但月球为什么没有落到地球上呢？”

“月球会绕着地球运转。像这种做圆周运动的物体都会受到向外的力的作用，即会受到离心力的作用。若是没有离心力，月球也会掉落到地球上。”

“太阳的质量要比地球的质量大很多，那么月球为什么会围着地球转，而不是围着太阳转？”

离心力
引力
由于离心力和引力相等，所以月亮才会在同一个轨道上不断运转。

万有引力定律

两个物体之间存在相互吸引的力量——引力。无论在地球上还是在宇宙中，都存在引力。

两个物体之间的距离越短，引力越强；距离越长，引力越弱。

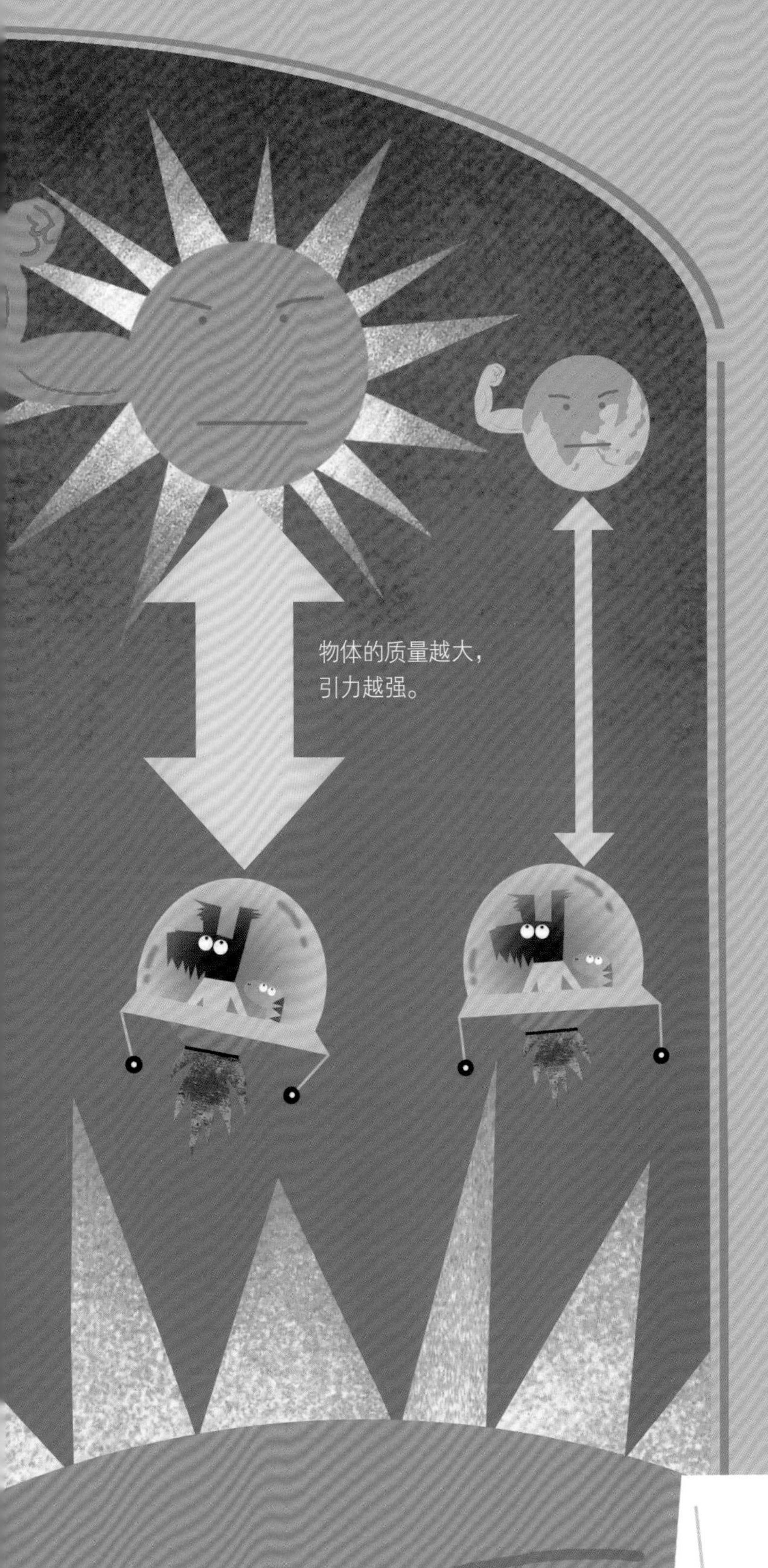

“太阳与月球之间的距离要比地球与月球之间的距离远很多。即使太阳的质量很大，但由于距离遥远，它对月球的引力也不会太强。因此，地球和月球之间的引力要比太阳和月球之间的引力更大。”

牛顿认为万有引力定律不仅适用于地球上的运动，还可用于宇宙中的运动。

他以伽利略的研究为基础，总结出万有引力定律，因此被人们尊称为“物理学之父”。

引力

引力是拥有质量的物体之间相互吸引的力。由于世界上的所有物体都拥有质量，所以可以认为，所有物体之间都存在引力。我们在任何地方都会受到引力的影响。引力是一种单纯吸引的力量。

28千克

体重和引力

体重表示地球和我们的身体之间作用的引力大小。体重秤根据脚踩下的压力，换算出我们身体的质量。

无处不在的引力

引力不只存在于地球。物体在宇宙中也会受到引力的作用。

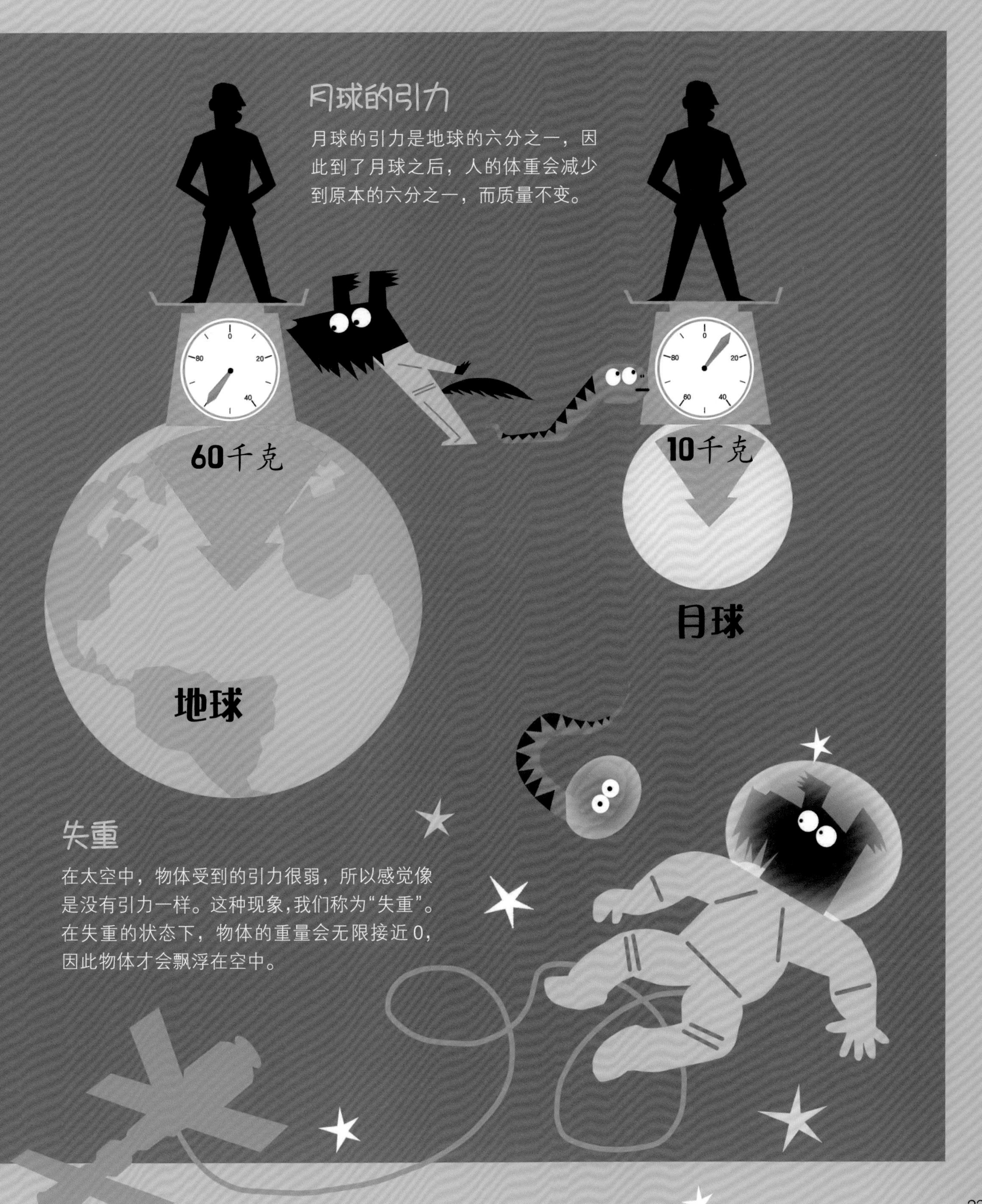

月球的引力

月球的引力是地球的六分之一，因此到了月球之后，人的体重会减少到原本的六分之一，而质量不变。

失重

在太空中，物体受到的引力很弱，所以感觉像是没有引力一样。这种现象,我们称为“失重”。在失重的状态下，物体的重量会无限接近0，因此物体才会飘浮在空中。

驱动过山车的引力

过山车无疑是游乐场中最刺激的游乐设施。据说 17 世纪时，俄罗斯曾用冰块制作过一个巨大的滑梯。后来，法国人效仿俄罗斯的冰块滑梯，发明出一种叫作“俄罗斯山”的过山车。美国的拉马库斯 · 阿德纳 · 汤普森凭借自己发明的过山车，获得了史上第一个过山车专利。进入 20 世纪后，过山车的人气越来越高，全世界的游乐场中都能见到过山车。

在驱动过山车的力中，包含着牛顿所说的引力。过山车起初会借助电力爬升到顶点，之后会在地球引力的作用下自行顺着轨道滑落。在滑落的过程中，它的速度会越来越快。事实上，这也是引力的作用。过山车有时候会绕着圆形轨道进行旋转。做圆周运动的物体都会受到向外的力，这种力叫作离心力。在沿着圆形轨道运行时，过山车的离心力和引力的大小相等，因此过山车才会继续前行，而不会掉落下来。

受到离心力和引力作用的过山车

人们向往摆脱地球引力，前往宇宙旅行。而想要实现宇宙旅行的梦想，人们就必须找到战胜地球引力的方法。于是，一些人乘坐我所研制的火箭，首次成功地登上了月球。

20 世纪 50 年代时，美国国家航空航天局召开了有关宇宙探索的会议。

负责火箭研发的专家韦纳 · 冯 · 布劳恩开始为出席者们进行解说：“探索宇宙的第一步就是与地球引力做抗争。大家可以试着把球扔向空中。球是不是很快就落到地上？如果想要让它不落到地上，我们就必须研发出一枚能够摆脱地球引力的火箭。”

火箭的燃料在燃烧时释放出的气体会为火箭提供强劲的动力。
只要利用好这种力量，我们就可以摆脱地球引力。

人们在听了布劳恩的解释后纷纷点头赞同。

这时，有个人向布劳恩问道：“我们真的可以登上月球吗？”

“想要登上月球，我们首先需要有一枚拥有强大动力的火箭。此外，我们还需要掌握各种技术，并积累相关经验。”

布劳恩为登月制订出三个阶段的计划。他们决定先通过第一阶段的水星计划和第二阶段的双子星计划提升火箭的性能，并积累探索宇宙的经验，然后在第三阶段的阿波罗计划中实现登陆月球。

第一阶段：水星计划

1961 年 5 月 5 日，美国佛罗里达州的空军基地发射了一枚运载火箭。这艘名为自由 7 号的宇宙飞船搭载着一名宇航员上升到 190 千米左右的高空后，成功返回地球。

“布劳恩博士，我们现在是否可以将人送上月球？”

“红石 3 号只能搭载 1800 千克重的货物。如果想要将人送上月球，我们需要研制出更强大的火箭。”

第二阶段：双子星计划
可以搭载两名宇航员。
泰坦2号
我已经去过宇宙12次了。
下次就要前往月球了。

继红石 3 号之后，布劳恩又研制出用来带动双子星计划的泰坦 2 号火箭。泰坦 2 号火箭的承载重量是红石 3 号的两倍。

布劳恩用泰坦 2 号火箭将双子星宇宙飞船推到太空中，让它展开与月球旅行相关的各种实验。

“万事俱备，接下来就该登上月球了。”

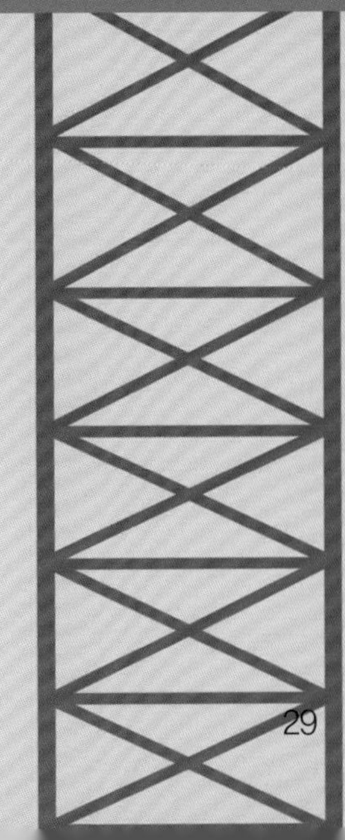

终于，阿波罗计划正式展开。

这次，宇宙飞船不仅要搭载宇航员，还要搭载很多货物，因此火箭必须具备足够强大的推动力；而且要想飞到月球，还必须比红石 3 号和泰坦 2 号性能更好。于是，布劳恩研制出前所未有的强力火箭——土星 5 号。

1969 年 7 月 16 日，搭载着阿波罗 11 号月球探测器的土星 5 号火箭发射成功。

它摧枯拉朽地冲破了地球引力的束缚，直奔月球而去。四天后，两名宇航员在月球表面登陆。人类首次在月球上留下了自己的足迹。就这样，布劳恩和人们到月球旅行的梦想终于实现了。

科学知识

作用力和反作用力

请大家用手撑住墙壁，然后用力推一下。这时，你会感受到墙推向手掌的力量。墙推向手掌的力量与手推向墙的力量大小相同，方向相反。科学家们将手推向墙的力称为“作用力”，而将墙推向手的力称为“反作用力”。作用力与反作用力的大小相同，方向相反。

气球火箭

当空气从气球开口处跑出来时，气球也会像火箭一样飞出去。

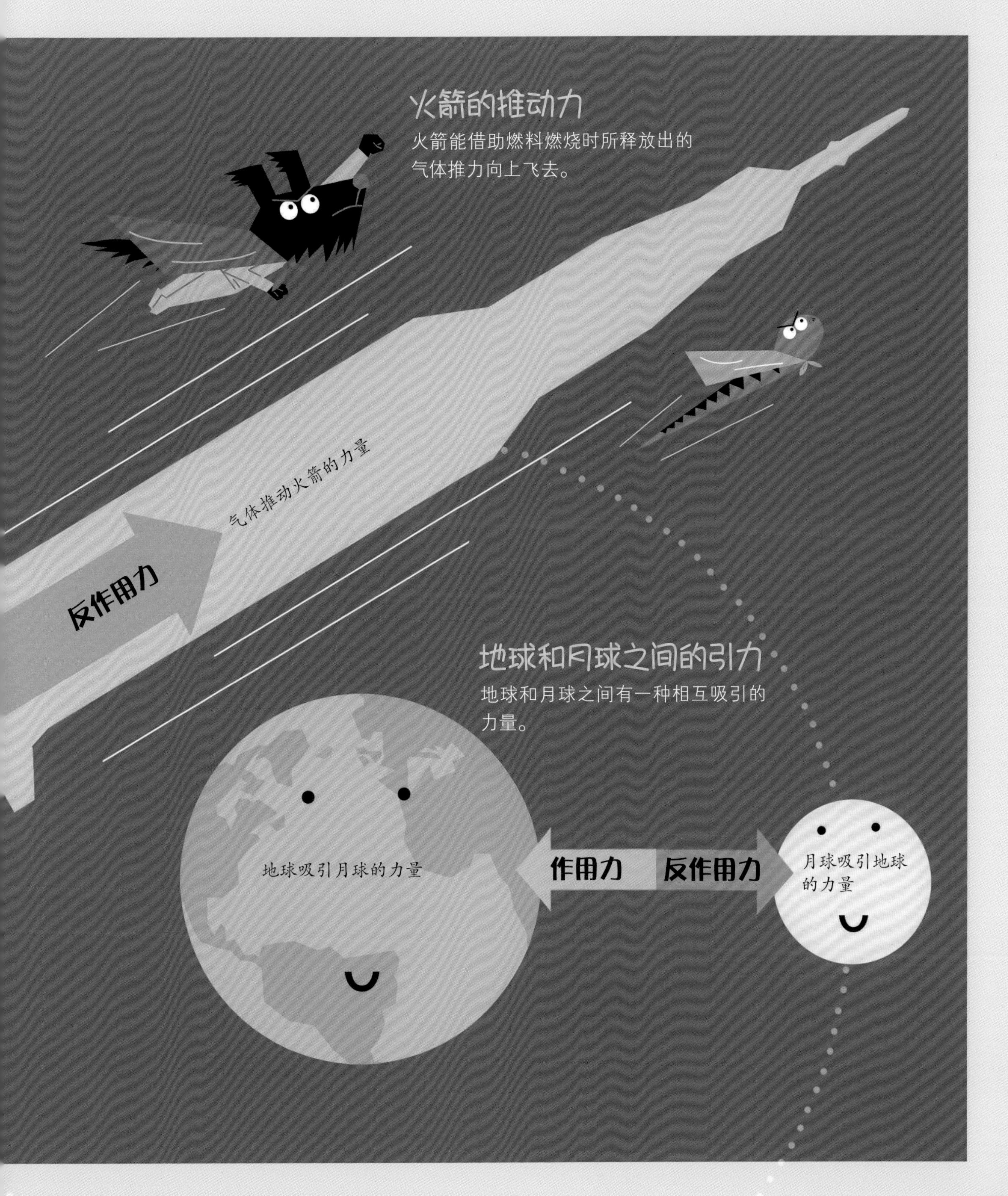
火箭的推动力
火箭能借助燃料燃烧时所释放出的
气体推力向上飞去。
气体推动火箭的力量
反作用力
地球和月球之间的引力
地球和月球之间有一种相互吸引的
力量。
地球吸引月球的力量
作用力
反作用力
月球吸引地球
的力量

像泰坦巨人一样力大无穷的火箭

水星、双子星、阿波罗都是宇宙探索计划项目的名称，泰坦、土星是宇宙探索计划中所使用的火箭的名称。其实，它们都是希腊和罗马神话中出现过的神和英雄的名字。

水星又译为“墨丘利”，是传递消息的神；阿波罗是太阳神；双子星是双胞胎英雄的星座。在双子星计划中，一艘宇宙飞船中搭载了两名宇航员，他们犹如勇敢的双胞胎兄弟。

在希腊和罗马神话中，奥林匹斯众神出现之前掌管着世界的巨人神灵，被称作“提坦”或“泰坦”。双子星计划的火箭命名为泰坦，其中就蕴含着它像泰坦巨人一样高大威猛、力大无穷的期待。土星是指奥林匹斯众神的父亲萨图恩，也就是掌管世界的至高神。他同样可以看作力量的象征。推力最大的火箭与力大无穷的巨人神灵，你是不是也觉得很相配呢？

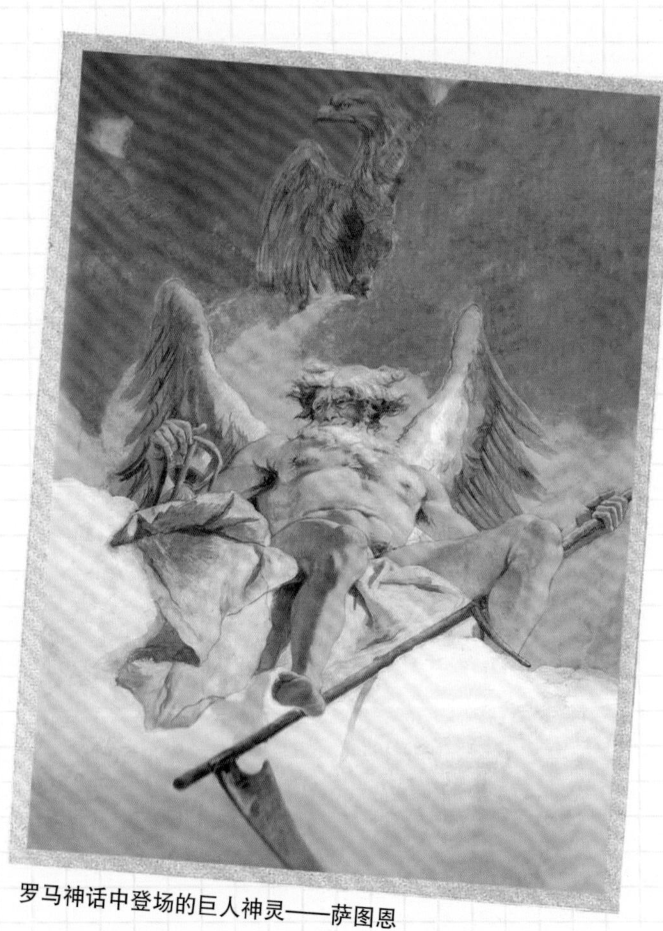

罗马神话中登场的巨人神灵——萨图恩

正在一点点被解开的引力之谜

为什么所有物体都会向地面掉落？月球为什么绕着地球运转？古人一直认为这些现象都是神的旨意，是物体的性质所致。但事实上，这一切都是引力现象。

公元4世纪

提出地心说

亚里士多德认为地球是宇宙的中心，而重的物体会比轻的物体更快落地。在近两千多年的时间里，人们从未怀疑过他的观点。

16世纪90年代

发现自由落体定律

伽利略证实了重的物体和轻的物体会同时落地。物体从静止开始下落的过程，我们称为“自由落体”。

1687年

发现万有引力定律

牛顿发现物体落地是因为地球引力，而包括地球在内的宇宙中所有物体之间都存在相互作用的引力。

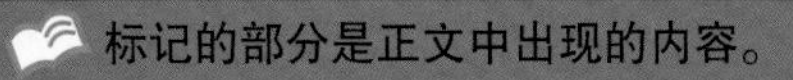

标记的部分是正文中出现的内容。

1916年

发表广义相对论

爱因斯坦认为质量会使空间发生扭曲，从而在宇宙空间中形成一个凹陷的坑。即地球周围的物体之所以会落向地球，并非受到引力作用，而是因为物体在向扭曲的空间移动而已。

1969年

完成登月计划

布劳恩研制出可以战胜地球引力的巨大火箭——土星5号，它成功地将人送上月球。

现在

引力是作用于宇宙一切物体的力量。引力会对宇宙的诞生，以及星星和银河的形成起到至关重要的作用。现在，宇宙中依然存在着很多未解之谜。为了解开这些秘密，科学家们正不断深入研究引力。

图字：01-2019-6046

图书在版编目（CIP）数据

引力的故事 /（韩）郑昌勋文；（韩）安恩真绘；千太阳译 .—北京：东方出版社，2020.12
（哇，科学有故事！. 物理化学篇）
ISBN 978-7-5207-1482-2

Ⅰ . ①引… Ⅱ . ①郑… ②安… ③千… Ⅲ . ①引力–青少年读物 Ⅳ . ① O314-49

中国版本图书馆 CIP 数据核字（2020）第 038672 号

哇，科学有故事！物理篇·引力的故事
（WA，KEXUE YOU GUSHI! WULIPIAN · YINLI DE GUSHI）
作　者：［韩］郑昌勋 / 文　［韩］安恩真 / 绘
译　者：千太阳

策划编辑：鲁艳芳　杨朝霞
责任编辑：金　琪　杨朝霞
出　版：東方出版社
发　行：人民东方出版传媒有限公司
地　址：北京市东城区朝阳门内大街166号
邮　编：100010
印　刷：北京彩和坊印刷有限公司
版　次：2020年12月第1版
印　次：2024年11月北京第4次印刷
开　本：820毫米 × 950毫米　1/12
印　张：4
字　数：20千字
书　号：ISBN 978-7-5207-1482-2
定　价：256.00元（全10册）
发行电话：（010）85924663　85924644　85924641

文字 [韩] 郑昌勋

毕业于首尔大学天文学专业。曾担任过《月刊科学》《月刊牛顿》的记者。之后，又担任《月刊科学少年》和《月刊星星和宇宙》的总编，在科学杂志工作20多年。现主要为儿童们策划内容丰富、有趣的科普图书。主要作品有《科学奥德赛》《月亮挂在哪里呢》《让地球呼吸的风》《俗语中隐藏的科学》《海洋是个大谜团》《伽利略有关两个宇宙体系的对话》等。

插图 [韩] 安恩真

出生于首尔，毕业于弘益大学绘画专业。曾于1994年荣获韩国美术大赛特等奖，并举办多场绘画、版画展览。自从成为妈妈后，开始关注儿童图书。不过，正式开始为童书绘制插图是在修完英国金斯顿大学网络课程API（advanced program in illustration）之后。主要作品有《我是我的主人》《什么是思考》《世界的保健总统李忠旭》《小小挑战者》《鳄鱼乌莉娜》等。

哇，科学有故事！（全33册）

生命篇

01 动植物的故事——一切都生机勃勃的
02 动物行为的故事——与人有什么不同？
03 身体的故事——高效运转的“机器”
04 微生物的故事——即使小也很有力气
05 遗传的故事——家人长相相似的秘密
06 恐龙的故事——远古时代的霸主
07 进化的故事——化石告诉我们的秘密

地球篇

08 大地的故事——脚下的土地经历过什么？
09 地形的故事——隆起，风化，侵蚀，堆积，搬运
10 天气的故事——为什么天气每天发生变化？
11 环境的故事——不是别人的事情

宇宙篇

12 地球和月球的故事——每天都在转动
13 宇宙的故事——夜空中隐藏的秘密
14 宇宙旅行的故事——虽然远，依然可以到达

物理篇

15 热的故事——热气腾腾
16 能量的故事——来自哪里，要去哪里
17 光的故事——在黑暗中照亮一切
18 电的故事——噼里啪啦中的危险
19 磁铁的故事——吸引无处不在
20 引力的故事——难以摆脱的力量

化学篇

21 物质的故事——万物的组成
22 气体的故事——因为看不见，所以更好奇
23 化合物的故事——不同元素的组合
24 酸和碱的故事——见面就中和的一对

解决问题

日常生活篇

25 味道的故事——口水咕咚
26 装扮的故事——打扮自己的秘诀

尖端科技篇

27 医疗的故事——有没有无痛手术？
28 测量的故事——丈量世界的方法
29 移动的故事——越来越快
30 透镜的故事——凹凸里面的学问
31 记录的故事——能记录到1秒
32 通信的故事——插上翅膀的消息
33 机器人的故事——什么都能做到

扫一扫
看视频，学科学